什么是海沟

海沟是位于海洋中的两壁较陡、狭长的、水深大于5000米的沟槽，是海底最深的地方。目前，已知最深的海沟是马里亚纳海沟，其最深处约11000米。

海沟是如何形成的

科学家认为，地球的岩石圈不是一整块的，而是由多个大板块拼成的。各个板块都在不停地移动，其移动速度虽然很小，但经过亿万年后，地球的面貌仍会发生巨大的变化。当两个板块逐渐分离时，在分离处可能会出现新的凹地或者海洋；当两个板块相互靠拢并发生碰撞时，可能会挤压出高大的山脉。海洋板块相对于大陆板块密度较大，其水平位置要低一些。当海洋板块和大陆板块相向运动时，海洋板块俯冲到大陆板块之下，便形成了长长的"V"字形的海沟。

什么是深渊区

海洋科学家将海洋中深度大于6000米的区域称作深渊区。在地球上已知的39条海沟中，有30条海沟位于深渊区。

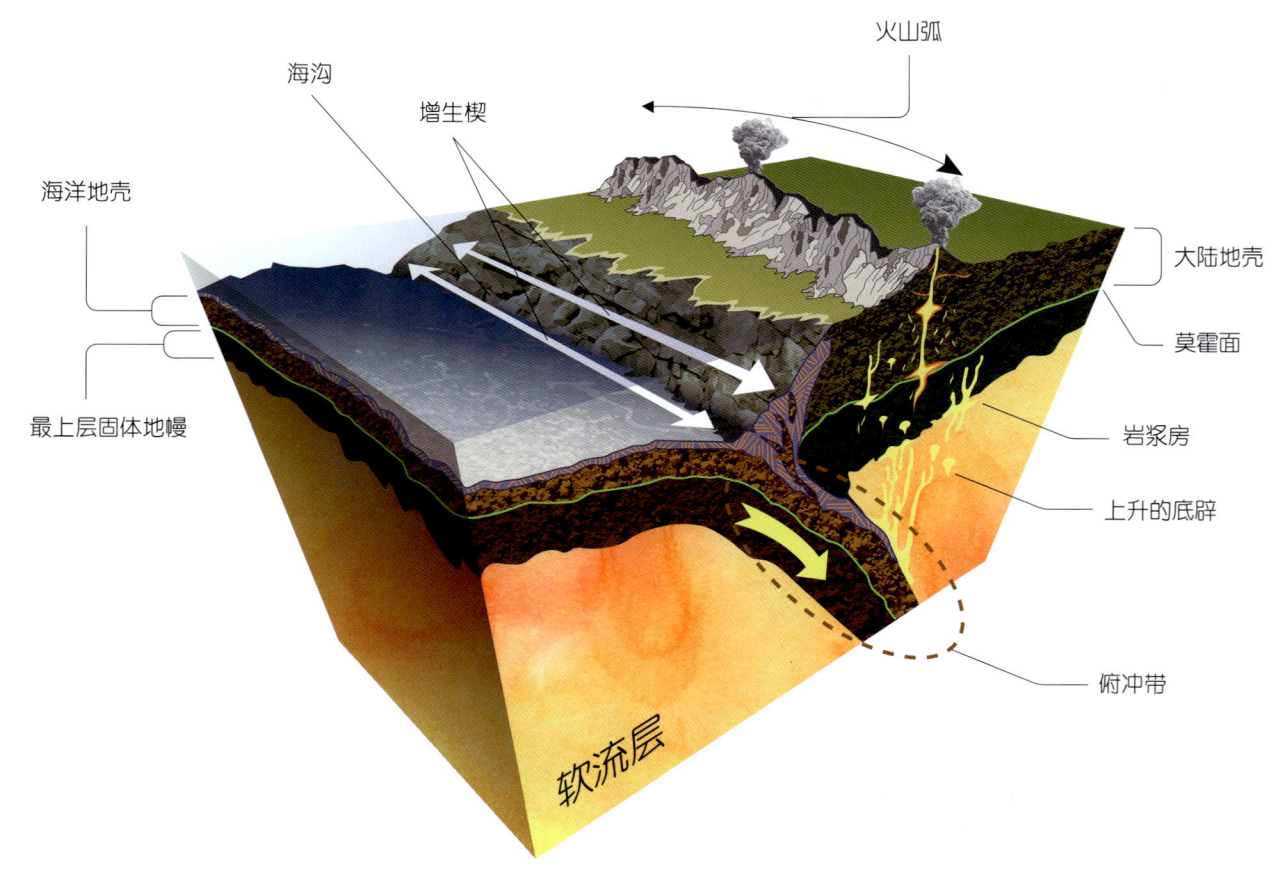

为什么要研究深渊

深渊生物、深渊生态和深渊地质对人们完整理解海洋科学甚至地球科学都十分重要，在地球生态、全球气候、海洋环境保护、地球生命起源研究、地震预报等领域均有十分重要的作用。

宋婷婷　崔维成　罗瑞龙　著
程　磊　程乐彦　绘

一起出海吧

海豆深渊探险记

Hadal's
Adventures in the Hadal

浙江科学技术出版社

版权所有　侵权必究

图书在版编目（CIP）数据

海豆深渊探险记 / 宋婷婷，崔维成，罗瑞龙著；程磊，程乐彦绘. -- 杭州：浙江科学技术出版社，2023.8
（一起出海吧）
ISBN 978-7-5739-0723-3

Ⅰ．①海… Ⅱ．①宋… ②崔… ③罗… ④程… ⑤程… Ⅲ．①海洋－科学考察－少儿读物 Ⅳ．① P72-49

中国国家版本馆CIP数据核字（2023）第130837号

丛 书 名	一起出海吧		
书　　名	海豆深渊探险记		
著　　者	宋婷婷　崔维成　罗瑞龙		
绘　　者	程　磊　程乐彦		
出版发行	浙江科学技术出版社 杭州市体育场路347号 办公室电话：0571-85176593	邮政编码：310006 销售部电话：0571-85062597	
排　　版	杭州万方图书有限公司	印　　刷	浙江海虹彩色印务有限公司
开　　本	889mm×1194mm　1/16	印　　张	3
字　　数	10 000		
版　　次	2023年8月第1版	印　　次	2023年8月第1次印刷
书　　号	ISBN 978-7-5739-0723-3	定　　价	48.00元
责任编辑　刘　燕		**责任校对**　张　宁	
责任美编　金　晖		**责任印务**　叶文炀	

大家好,我叫海豆。
我今年8岁,来自上海。
我的爸爸是一名海洋地质学家,他经常出海考察,给我讲过许多关于海上科考的故事以及海沟和深渊的知识。我出生时,爸爸正在水深最深的马里亚纳海沟深渊区考察,为了纪念这个美好的巧合,爸爸给我取名"海豆",是"深渊"的英文"hadal"的译音。我还跟科学家们去科考了呢,但我还是有点不满足,好想潜入深海去看看呀……

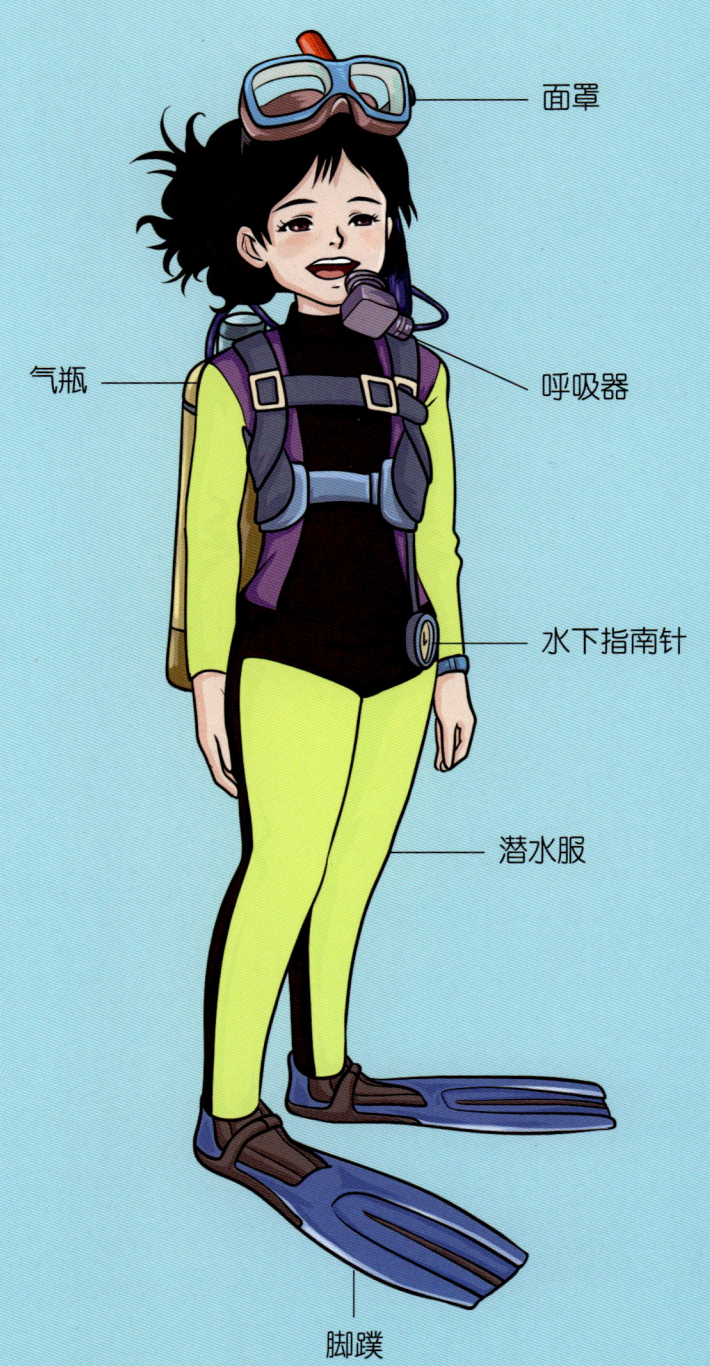

面罩

气瓶

呼吸器

水下指南针

潜水服

脚蹼

爸爸说周末可以带我去海洋世界体验一把潜水，太好了！

潜水可不简单，准备工作可多了，要先学习潜水知识和技巧，了解潜水装备……

小贴士

潜水其实是有危险性的，其最大的威胁就是减压病。那什么是减压病呢？

潜水员呼吸时，有一些气体会溶解在人体组织中。水越深的地方压力越大，在潜水员返回水面的过程中，如果上升过快，压力迅速变小，那些溶解在人体组织中的气体就会逸出，形成气泡。就像打开可乐瓶时，瓶内压力顿时减小，原来溶解的二氧化碳就会逸出，形成大量气泡。这些气泡在人体内会阻碍血液流动，引起减压病。减压病患者轻者关节痛，重者瘫痪，甚至死亡。

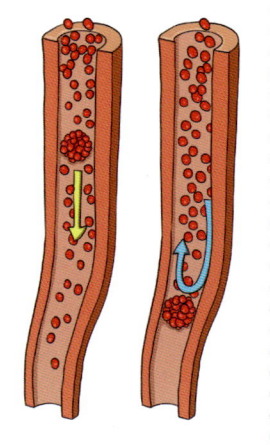

在教练的帮助下，我穿上了一整套"装备"，小心翼翼地和爸爸一起进入海底世界。刚下水时，我的耳朵还有一点儿不舒服，但很快我就被成群的鱼儿吸引了，我还跟大海龟握手，跟护士鲨共舞了呢。

我问爸爸,我可以去深海潜水吗?

爸爸说,深海的水压非常大,会把我压成"肉饼"的,除非外面有坚固的外壳保护。我有点被吓到了,但我一定会找到对抗水压的办法。看着餐桌上圆圆的鸡蛋,我灵机一动,我可以做个坚固的大"蛋壳"呀!我只要待在壳子里,是不是就能去深海了?我可真是太聪明了!

我想象中的保护装置,上面要有坚固的铁索,这样人们既能把球放入海里,也能把它拉出海面;要有一个门,方便进出;还要有窗户,这样才能看见外面的景色;深海很黑,要有灯;要有氧气瓶……

1930年，美国的两位科学家——威廉·毕比和奥蒂斯·巴顿，建造了一个"深海潜水球"，并乘坐它下潜到了900多米。这个"深潜球"内部安装了有线电话。每一次下潜，毕比都会通过电话向母船讲述他在海底看到的神奇景象。1932年9月22日，他还通过无线电向美国和英国的听众进行了一次直播，轰动一时。

不过，随后崔伯伯又补充道："潜水球可以下潜的深度有限。随着下潜深度增加，水压变大，为了确保人的安全，潜水球就得造得很厚并且很沉，铁索就可能被拽断，那样球里的人就永远出不来了。"还好，后来人们发明了不需要钢缆就可以自由浮潜的潜水器。

1930 ———————— 1960

通过母船放收钢缆，深潜球可以进入深海，并返回，但钢缆回收存在安全隐患。

1968年,"阿尔文"号在进行下潜准备时,因为钢缆突然断裂,一下子就掉入了1500多米深的海底。幸运的是潜航员们在潜水器下沉前,就爬出了舱室,逃过了一劫。11个月后,"阿尔文"号被打捞上来,人们惊讶地发现当时遗落在舱内的三明治、苹果、肉汤还可以食用。神秘的深海仿佛是一台漆黑的大冰箱。

1968

1960年1月23日,雅克·皮卡德和唐·沃尔什驾驶着"的里雅斯特号"潜入了挑战者深渊,到达了10916米深的海底。在下潜到大约9848米深的时候,潜水器突然发出了巨大的爆裂声并剧烈震动。两位潜航员都吓坏了。所幸,只是另一个小隔间的有机玻璃窗开裂了,他们平安地完成了此次挑战的最后1000米,并在那个此前从未有人类造访过的海底待了整整20分钟。

利用油箱中的汽油提供浮力,无须钢缆就能浮回水面,但油箱过大妨碍移动。

利用复合泡沫材料提供浮力,极大地减小了重量和体积,更轻便灵活,易于航行和作业。

可是什么是复合型泡沫材料呢?

崔伯伯拿出了一个装着白色"粉末"的小瓶子,让我用显微镜观察。随着放大倍数不断增加,我才知道那不是"粉末",而是一个个微小的空心玻璃珠。玻璃微珠直径几微米至200微米,仅相当于头发丝的十几分之一。

因为是空心的,所以它比水轻。用树脂将这些空心的玻璃微珠固化,就形成了固体浮力材料。它又硬,表面又密实,可以给潜水器提供浮力。

现代潜水器的外核下安装了大量的固体浮力材料,取代了以前又大又重的汽油包,可以灵活地在水下自由地航行了。感谢神奇的浮力材料让潜水器"瘦身"成功!

"海豆,你想去深海里看看吗?"
"做梦都想。"
"下个月'蛟龙'号要到南海执行任务,一起去吧!"
"太棒了!我终于要去深海了!"
"冷静冷静,你不害怕吗?"
"我在潜水器里,怕什么?"

"潜水器也是会沉没的。"
"啊?"

出航的这一天终于到了!这次我要表现得沉着冷静,毕竟我不是第一次出海了,得展现出一名"老"科考队员的综合素质嘛。"全员请注意!全员请注意!我们的船马上就要起航了,请全体成员到甲板集合。"广播里传来了船长的声音。熟悉的流程,熟悉的指令,在亲友的欢送声中,我从容地投入了新的航程。深海大洋,我来了!

整理好新房间,换上刚领到的工作服,我迫不及待地到甲板上,看工程师们给"蛟龙"号做体检。

"你就是'蛟龙'号啊,比我想象的小。"

"你真可爱,白白胖胖的。"

"我的中文名字叫海豆,英文名字也叫'海豆'。"

"你也是有两只手啊,听崔伯伯说,你的两只手都很灵活。"

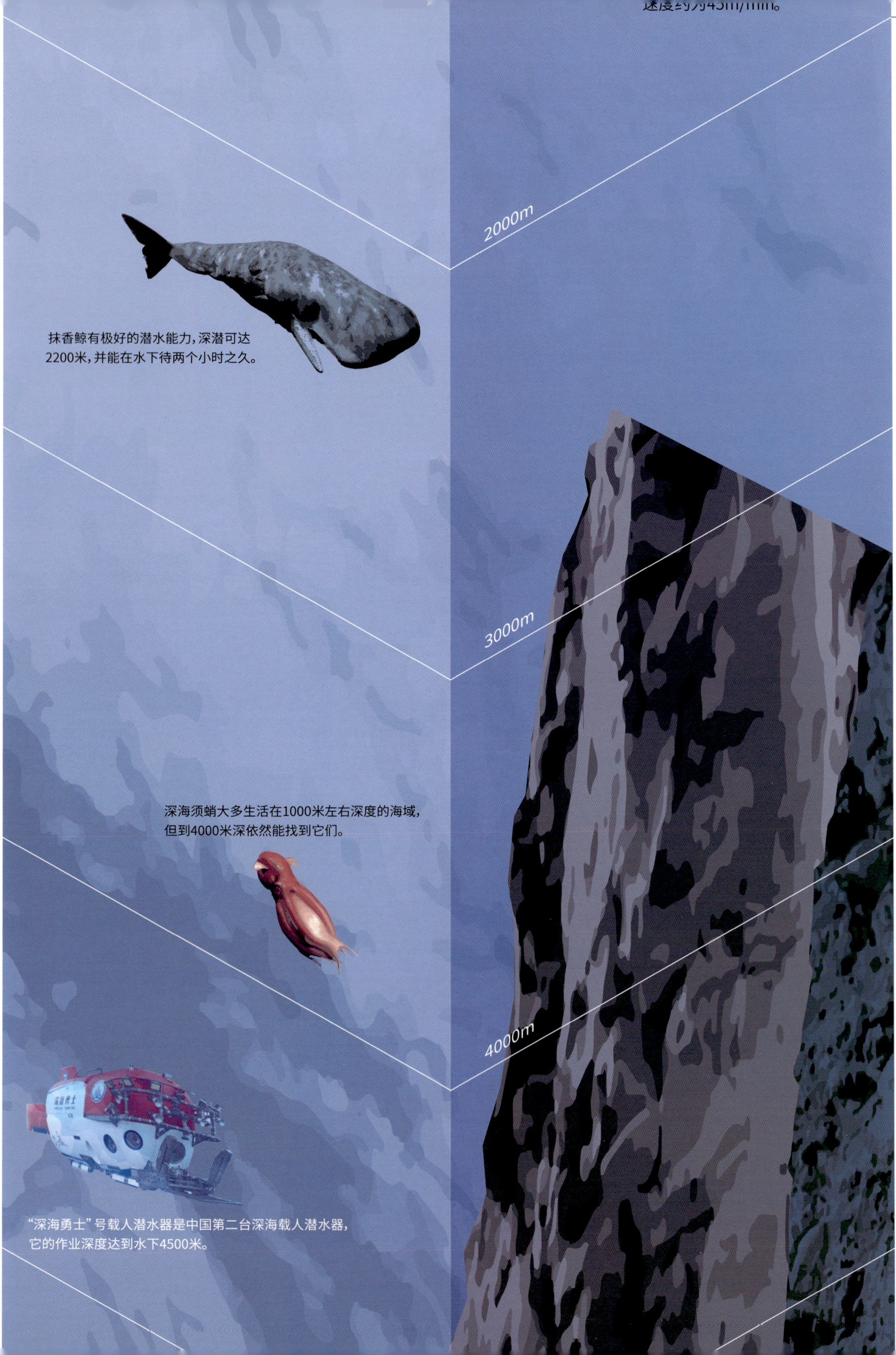

深海带

2000m

3000m

4000m

抹香鲸有极好的潜水能力，深潜可达2200米，并能在水下待两个小时之久。

深海章鱼大多生活在1000米左右深度的海域，但到4000米深依然能找到它们。

"深海勇士"号载人潜水器是中国第二台深海载人潜水器，它的作业深度达到水下4500米。

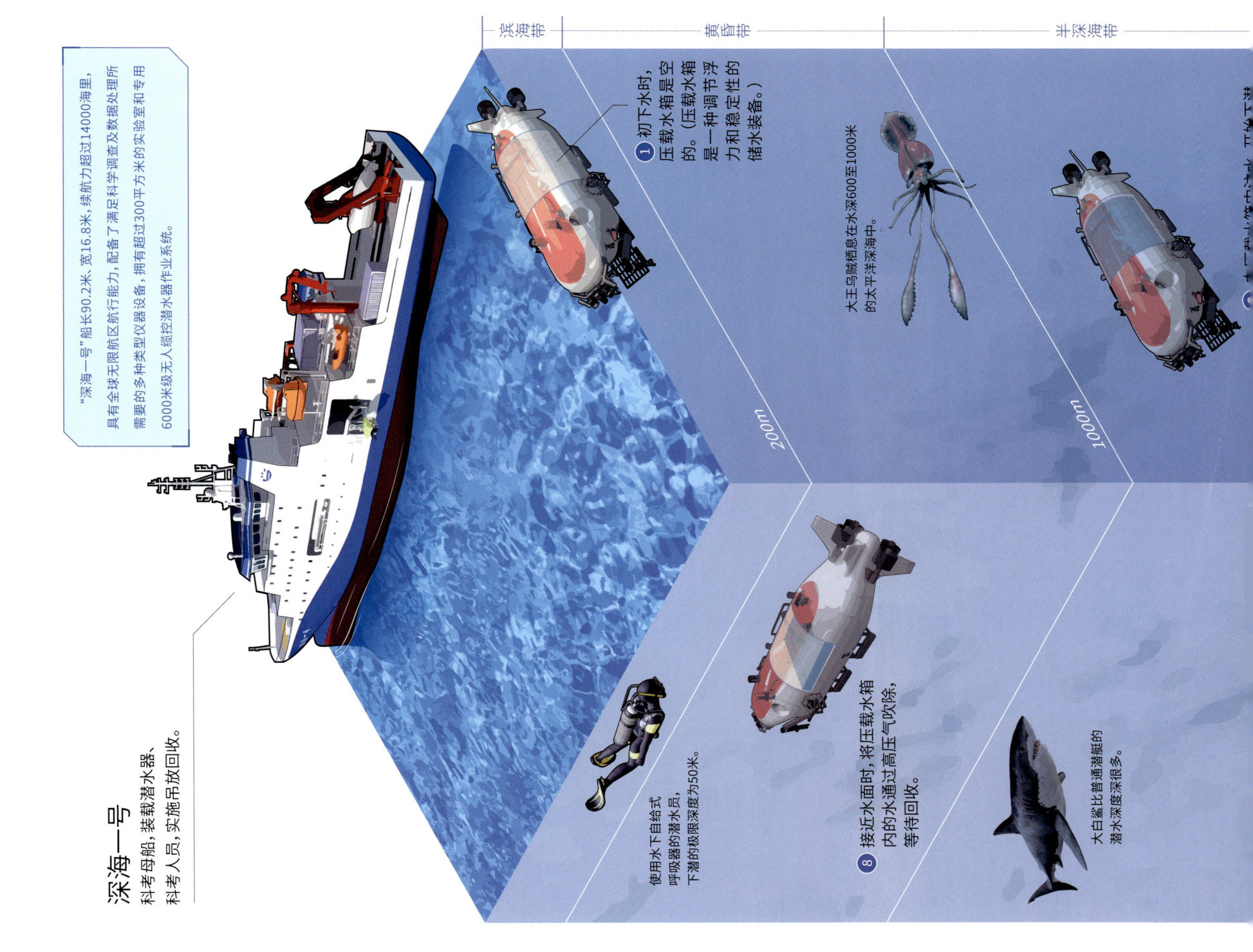

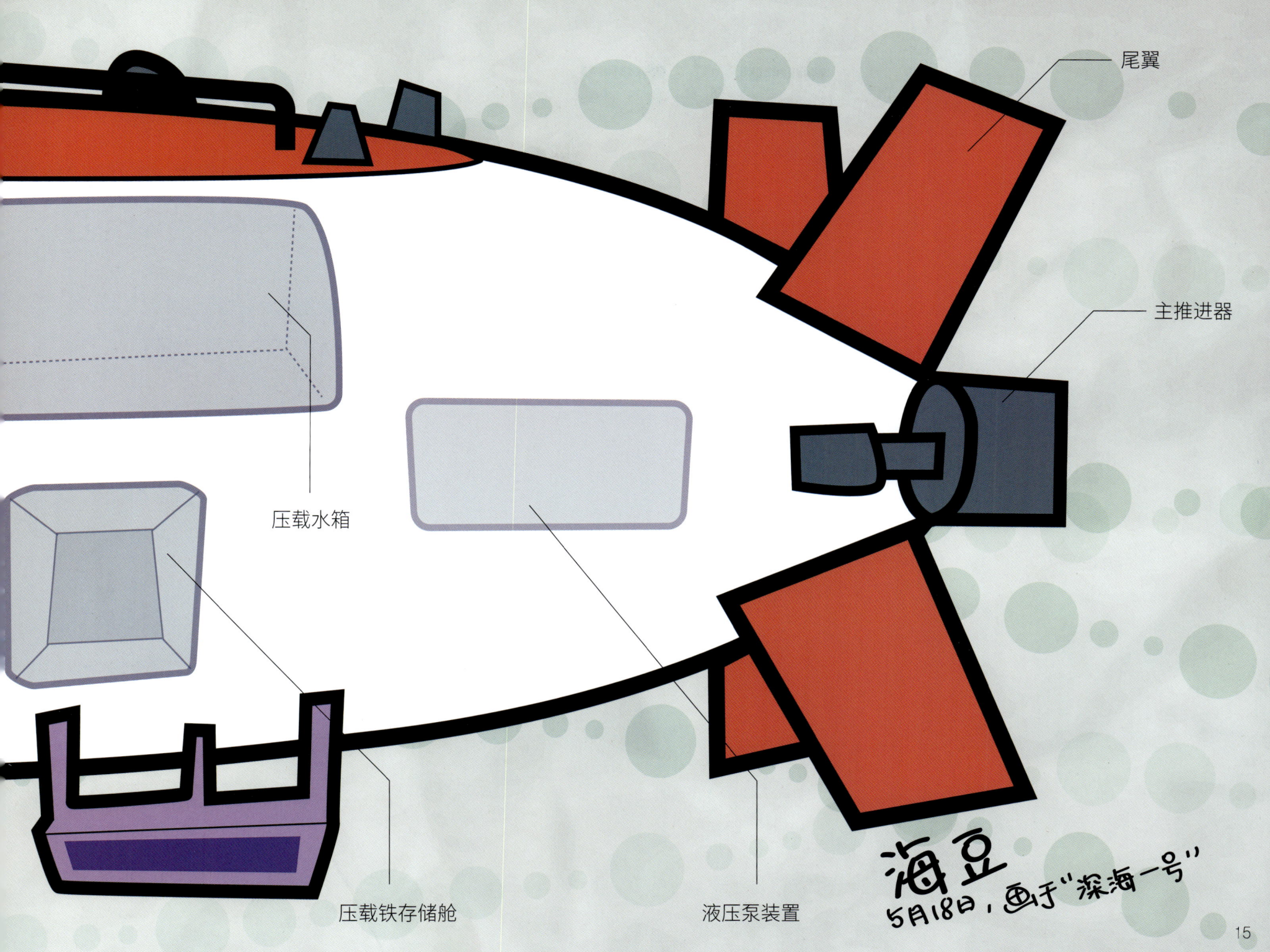

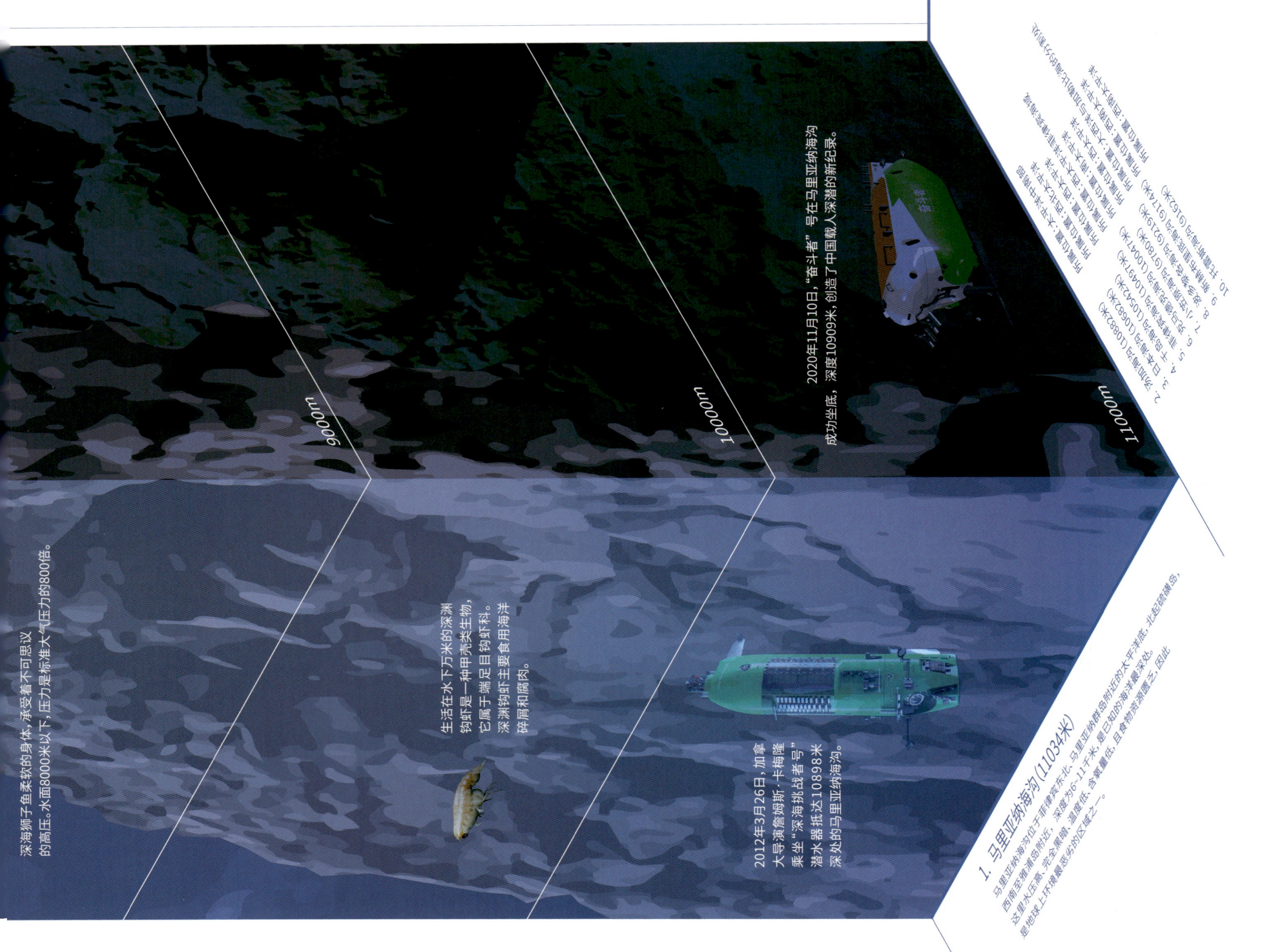

深海狮子鱼柔软的身体，承受着不可思议的高压。水面8000米以下，压力是标准大气压力的800倍。

生活在水下万米的深渊钩虾是一种甲壳类生物，钩虾是目钩虾科。深渊钩虾主要食用海洋碎屑和腐肉。

2012年3月26日，加拿大导演詹姆斯·卡梅隆乘坐"深海挑战者号"潜水器抵达10898米深处的马里亚纳海沟。

2020年11月10日，"奋斗者"号在马里亚纳海沟成功坐底，深度10909米，创造了中国载人深潜的新纪录。

1. 马里亚纳海沟（11034米）

马里亚纳海沟位于菲律宾东北、马里亚纳群岛附近的太平洋底，北起硫磺列岛，西南至雅浦岛附近，深度为6~11千米。最已知的海洋最深处。这里水压极高，环境最黑暗，完全无阳光，温度低，含氧量低，且食物资源匮乏，因此是地球上环境最恶劣的区域之一。

2. 多利海沟
3. 汤加海沟
4. 千岛海沟（10542米）
5. 菲律宾海沟（10057米）
6. 北马里亚纳海沟（10047米）
7. 克马德克海沟（10047米）
8. 伊豆-小笠原海沟（9780米）
9. 新不列颠海沟（9174米）
10. 千岛-堪察加海沟（9152米）

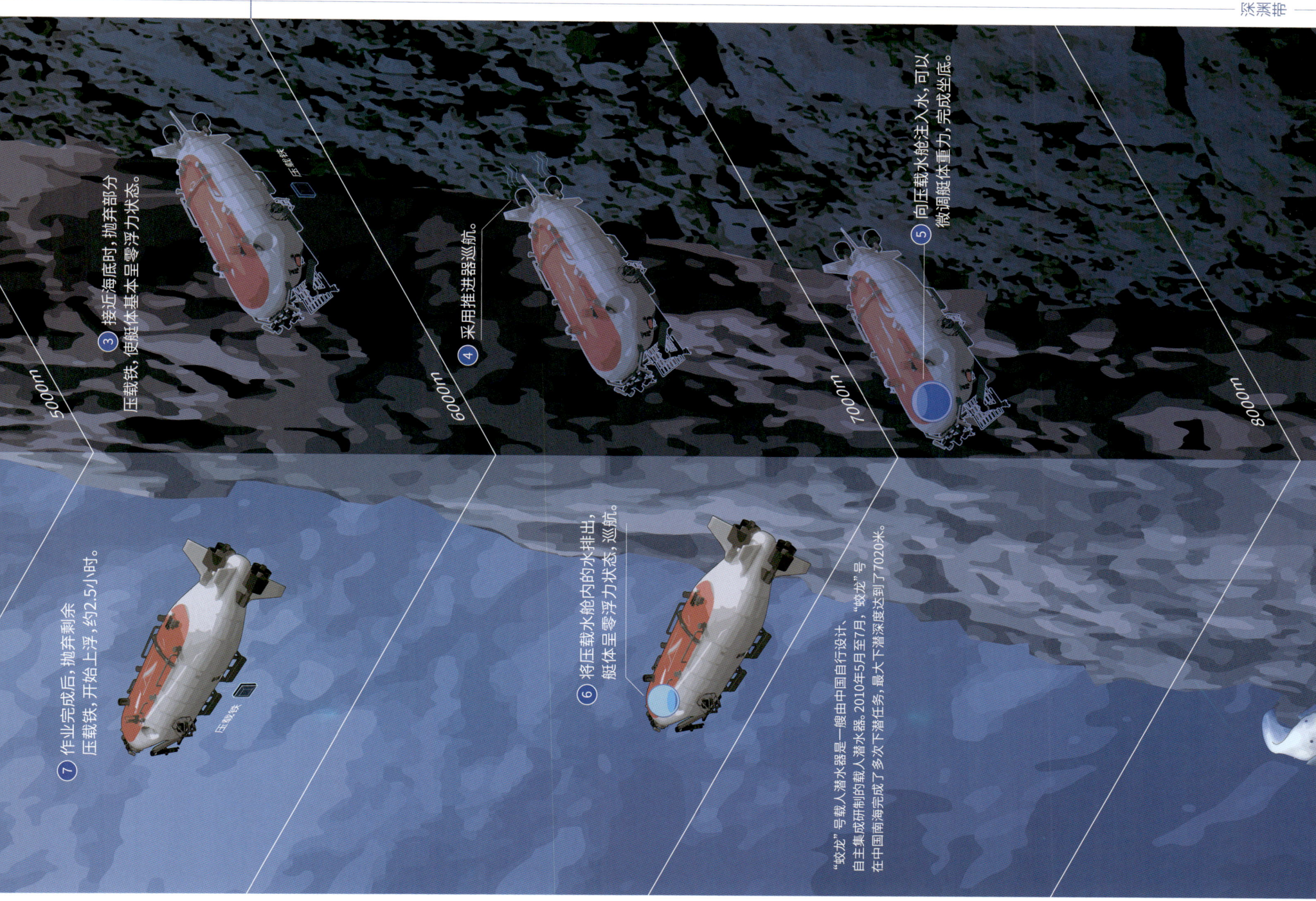

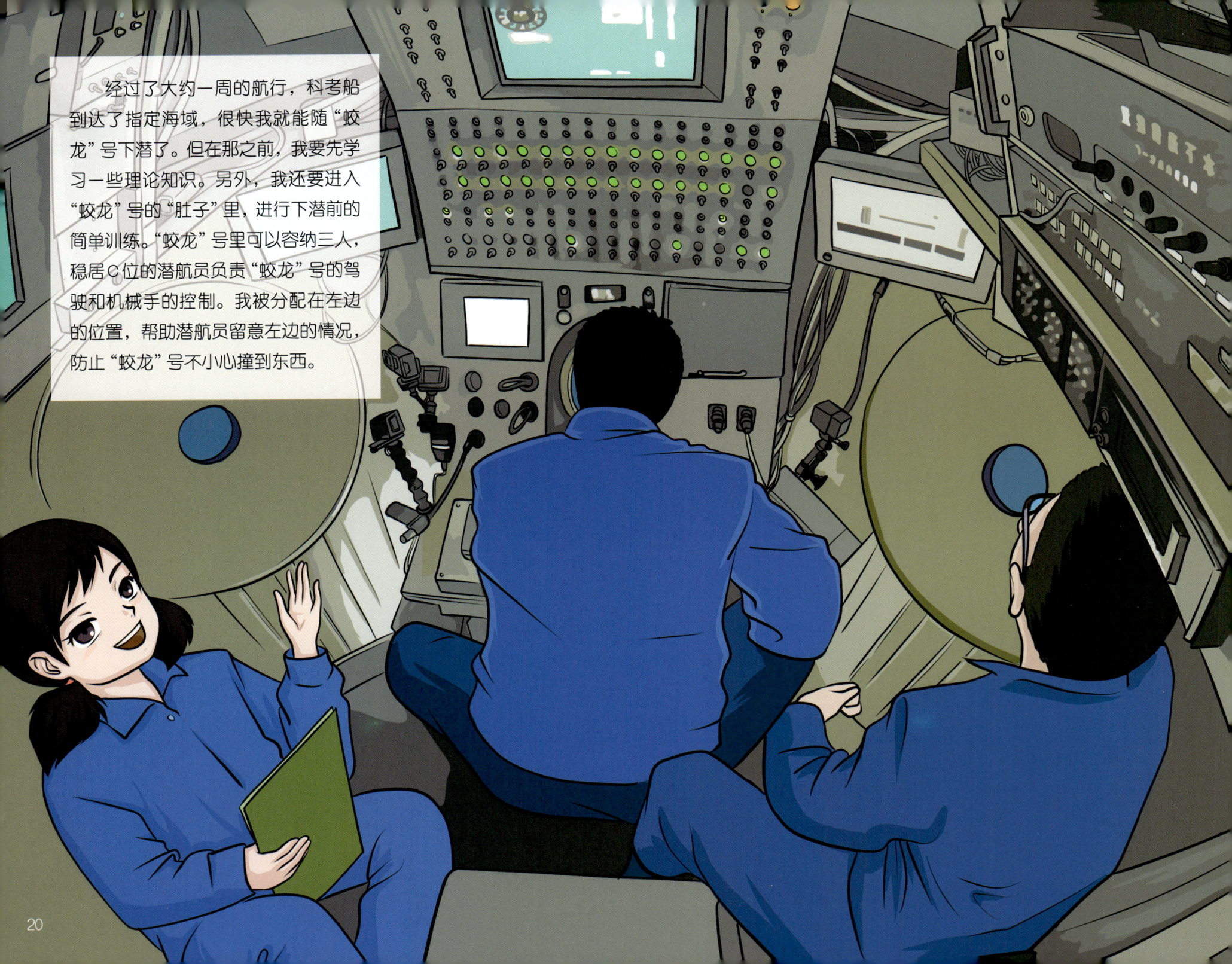

经过了大约一周的航行，科考船到达了指定海域，很快我就能随"蛟龙"号下潜了。但在那之前，我要先学习一些理论知识。另外，我还要进入"蛟龙"号的"肚子"里，进行下潜前的简单训练。"蛟龙"号里可以容纳三人，稳居C位的潜航员负责"蛟龙"号的驾驶和机械手的控制。我被分配在左边的位置，帮助潜航员留意左边的情况，防止"蛟龙"号不小心撞到东西。

下潜前的训练主要是安全方面的,例如紧急救生衣的位置、氧气面罩的使用等。我学得非常认真,很快就完成了所有训练,开始观察四周。在驾驶座后面,堆放着好多氧气瓶,足够支持我们呼吸80多个小时。正前方的控制台上密密麻麻地分布着各种按钮和仪器仪表,看起来让人头昏脑涨,不知道开潜水器和开飞机哪个更难?

明天，我就要下潜了！我兴奋得睡不着觉，一遍一遍地重复我的任务：前往2018年5月我国科学家发现的"南溟"热液区进行科学考察，主要采集水体和岩石样品等。

"熬"过一个"漫长"的夜晚,终于到我下潜的日子了。从早上开始,科考队员们就各司其职,做着各项准备和检查工作。经过严格的入舱检查,我顺利地跟随潜航员和崔伯伯一起进入了载人舱。随着舱门的关闭,周围瞬间安静下来。舱内有种与世隔绝的感觉,仿佛整个世界只剩下我们三个人。

刚坐定没一会儿工夫,我就感觉到了一阵很明显的晃动,潜水器被吊起来放到海面上了。我看到海水慢慢淹没了观察窗,激起大大小小无数的气泡。然后"蛟龙"号开始随海浪晃动,我开始感觉有点头晕。但潜航员叔叔仿佛完全感觉不到晃动,他很快就完成了一连串复杂的检查操作,然后按指令开始下潜。

一阵晃动之后,气泡消失,潜水器越来越平稳,窗外的海水越来越蓝,光线也越来越暗,直到什么也看不见。屏幕上显示目前深度380米,离我们2000多米的目标深度还远着呢。密闭的载人舱里只有常规报告的通信声、崔伯伯和潜航员叔叔的操作声。

水面,水面,我是蛟龙,水面检查正常,请求下潜,完毕!

蛟龙,蛟龙,同意注水下潜,同意注水下潜,完毕!

我一边看着显示屏上的深度数字,一边看左边窗口之外的情况,大气儿都不敢出。

可能是看到我有些紧张,崔伯伯让我趴到窗边观察,随后他打开了探照灯。在强光的照射下,我看到了一幅奇妙的景象:海中下起了纷纷扬扬的"大雪",甚至还能看到成串的"雪片"在水中飞舞。

小贴士

虽然"海雪"看起来很像雪,但"海雪"与陆地上的雪完全是两码事。如果把这些"雪片"从海水中提取出来,就会看到一些絮状松散的物质。它们是粘连在一起的有机物碎屑。随着重量的增大,它们便开始向海底沉降。从海底看,其景象就好像大片的雪花从天空中飘落。

"海雪"既不像雪花那样洁白晶莹,也不像雪花那样美丽多姿,却为生活在海底的生命提供了丰富的食物。

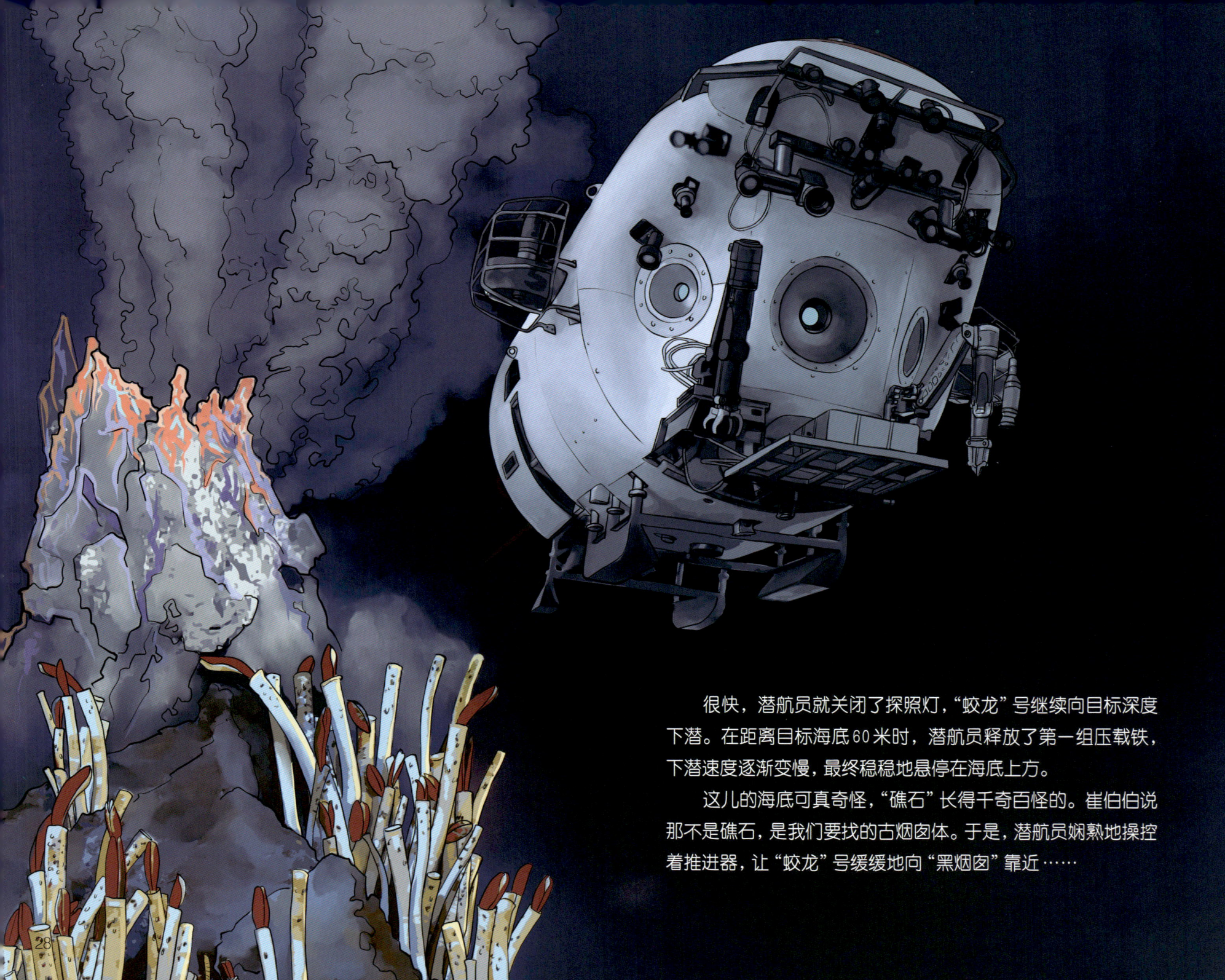

很快,潜航员就关闭了探照灯,"蛟龙"号继续向目标深度下潜。在距离目标海底60米时,潜航员释放了第一组压载铁,下潜速度逐渐变慢,最终稳稳地悬停在海底上方。

这儿的海底可真奇怪,"礁石"长得千奇百怪的。崔伯伯说那不是礁石,是我们要找的古烟囱体。于是,潜航员娴熟地操控着推进器,让"蛟龙"号缓缓地向"黑烟囱"靠近……

小贴士

为什么"蛟龙"号下潜时,要关闭探照灯?

首先,是为了节约有限的能源。其次,是为了避免被海洋生物攻击。在浅海区存在很多体型较大的海洋生物,其中一些鱼类对光线比较敏感。"阿尔文"号就曾经因此被剑鱼攻击过。

突然,我在一片废墟中发现了一只红色的章鱼。崔伯伯说那是深海须蛸。我有点失落,如果是个未知物种就好了,作为第一个发现者我就可以给它命名了。

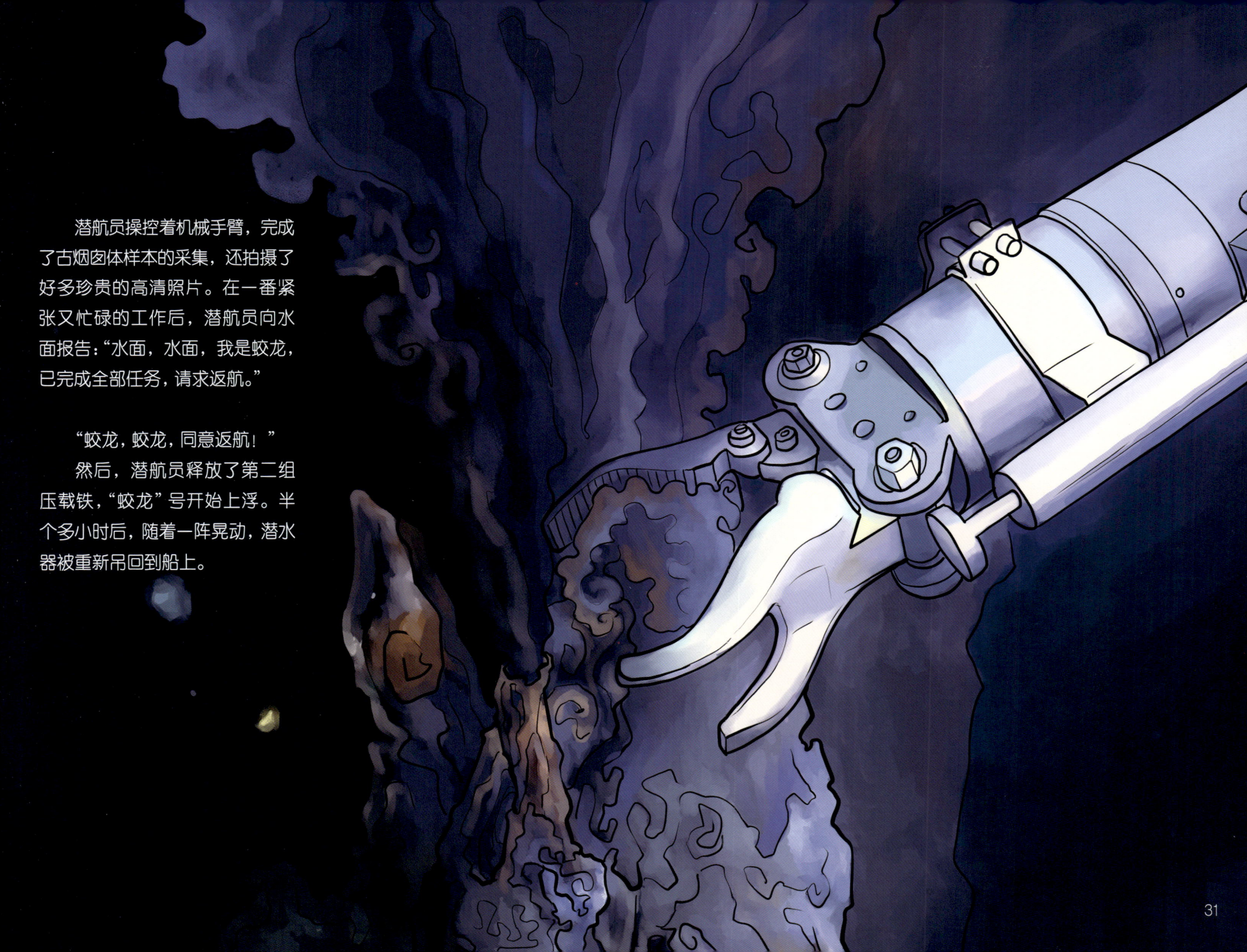

潜航员操控着机械手臂,完成了古烟囱体样本的采集,还拍摄了好多珍贵的高清照片。在一番紧张又忙碌的工作后,潜航员向水面报告:"水面,水面,我是蛟龙,已完成全部任务,请求返航。"

"蛟龙,蛟龙,同意返航!"

然后,潜航员释放了第二组压载铁,"蛟龙"号开始上浮。半个多小时后,随着一阵晃动,潜水器被重新吊回到船上。

舱门打开的一瞬间,我深吸了一口气,感觉空气都是甜的。我第一个走了出来,周围响起了阵阵掌声和欢呼声。大家纷纷喊着:"下潜成功!"我也被感染了,高兴地喊着:"成功!成功!"

经历过一次海底漫游后,我对深海更加痴迷了,梦里都是乘坐"蛟龙"号潜入海底的景象。

随着学到的知识越来越多,我开始有点害怕了,海底不只是有美丽的风景,也暗藏着杀机。曾经"阿尔文"号就在探查黑烟囱时,不小心被卷了进去,潜水器的玻璃钢外壳都被烫化了。那如果正对黑烟囱的是观察窗呢,我越想越害怕。

DEEP SEA

黑烟囱

热液区是什么?

海底黑烟囱

海底冰冷的海水,在高压的作用下,沿海底裂隙向下渗透,经过地壳深部的加热,并"吞"下岩石中的多种金属元素后,又沿裂隙上升,自海底喷发。于是,海底扬起了滚滚黑烟。

当黑烟遇到冰冷的海水后,其中的金属元素就会以矿物的形式,不断地沉积,成为一种烟囱体,高的可以达到一百多米,矮的也有几米到几十米。在海水的冲击下,烟囱体很难无限增高,尤其是那些"日常打盹"的,往往会被冲塌。

过几天又要下潜了,我忐忑不安,都有点儿打退堂鼓了。还好崔伯伯安慰了我,还告诉我,这次去的是冷泉区,温度没有那么高,让我不用担心。

深海"绿洲"——冷泉

在黑暗的海底,没有阳光,食物匮乏,生物数量远没有浅海丰富。但在冷泉区生活着一些特殊的微生物,它们可以通过一种类似光合作用的过程(化能合成作用),将海底溢出的有毒气体,转变为能量和营养物质。其他的深海生物可以依靠这些微生物"填饱"肚子,于是就形成了一整个"黑暗生物圈",形成了深海中的生命绿洲。

再次下潜的那天，阳光明媚，微风拂面，是个适合下潜的好日子。我昂首挺胸地走进了载人舱。在随后的晃动和震荡中，我也表现得格外镇定自如。

但是，"蛟龙"号刚下潜了约10分钟，舱内就亮起了报警指示灯。这下我可没法继续淡定了。潜航员马上向水面汇报了情况，请求返航。我在心里默默念叨："千万不要有事呀，我海豆还有好多事没做呢……"

没过一会儿，"蛟龙"号就回到了母船上。我们刚出舱，检修工作就有条不紊地开始了。"蛟龙"号的工程师们个个技术娴熟，很快就找到了问题。经过一番修复，"蛟龙"号终于又再次下潜了。

"呼"，还好是虚惊一场！

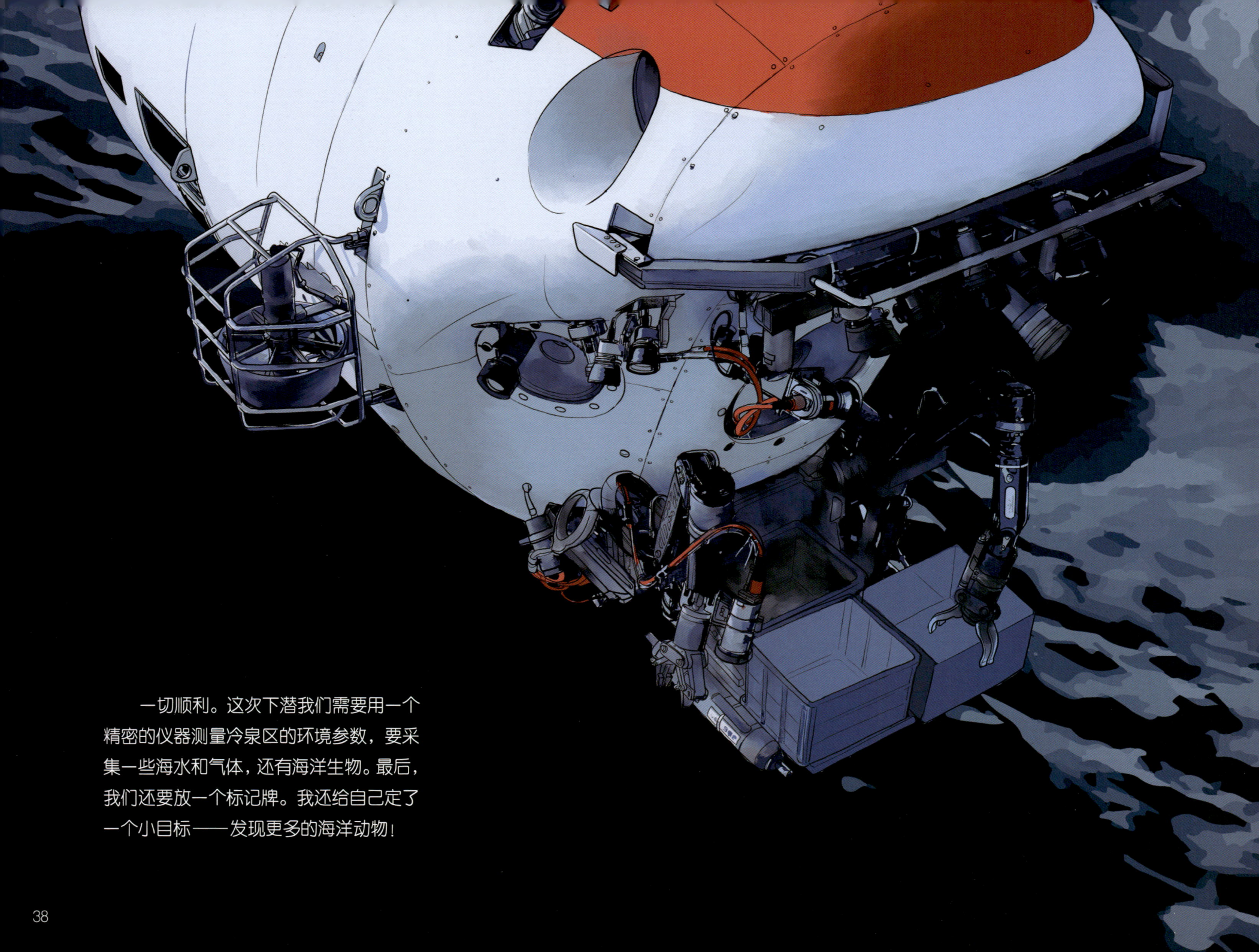

一切顺利。这次下潜我们需要用一个精密的仪器测量冷泉区的环境参数，要采集一些海水和气体，还有海洋生物。最后，我们还要放一个标记牌。我还给自己定了一个小目标——发现更多的海洋动物！

"蛟龙"号越潜越深。这次窗外的景色与上次截然不同,非常荒凉,既没有生物,也没有"礁石",满眼都是黄色的泥土。随着"蛟龙"号向前方驶去,平坦的海底出现了一些痕迹,不知道是不是海底的生物留下来的。

航行了一段时间后，海底又变得不一样了。我们仿佛进入了一片废墟，周围出现了大块大块的板状岩石。

深海真是个不按常理出牌的世界。随着"蛟龙"号的深入，我仿佛一下子从荒凉的月球表面穿越到了热闹的水族馆，密密麻麻的铠甲虾在层层叠叠的贻贝上攀爬，漂亮的海百合静静地在岩石间"绽放"，还有趴在海底的大头鱼、跳着翻滚舞的海参……深海真是太奇妙了！

结束下潜之后，崔伯伯说，我们看到的这些只是九牛一毛，深海还有更多神奇的生物呢。为了认识更多的深海生物，回航后我去了生物实验室，在实验员的帮助下欣赏从海底采集的生物样本。为了适应深海的恶劣环境，深海生物们纷纷发展出了"十八般武艺"。

绝技一：测量温度的"眼睛"

在深海热液口涌出的热液温度高达450℃，足以融化铅，却"煮不熟"一种虾——深海盲虾。之所以叫盲虾，就是因为深海终日无光，很多生物根本没有视力，盲虾更是连眼睛都退化了，靠背部的发光点生活。这个发光点就像温度计，可以测量海水的温度。盲虾会根据温度的高低，判断自己距离热液喷口的远近。有了这双"眼睛"，盲虾就可以避免因过于靠近热液口而被烫死了。

深海盲虾

绝技二：身上背着"养殖场"

铠甲虾身上的白色长毛不但是感觉器官，还有大用处。长毛里"养"着一种共生细菌，这种细菌能将冷泉喷发的气体合成为有机质。当铠甲虾肚子饿又找不到食物时，它就会用嘴和爪子将毛上的细菌来吃，就像在身上背了一个"养殖场"。当然，铠甲虾不是唯一拥有"养殖场"的深海动物，生活在热液口的多毛雪蟹也会在自己身上培养类似的细菌。

多毛雪蟹

铠甲虾

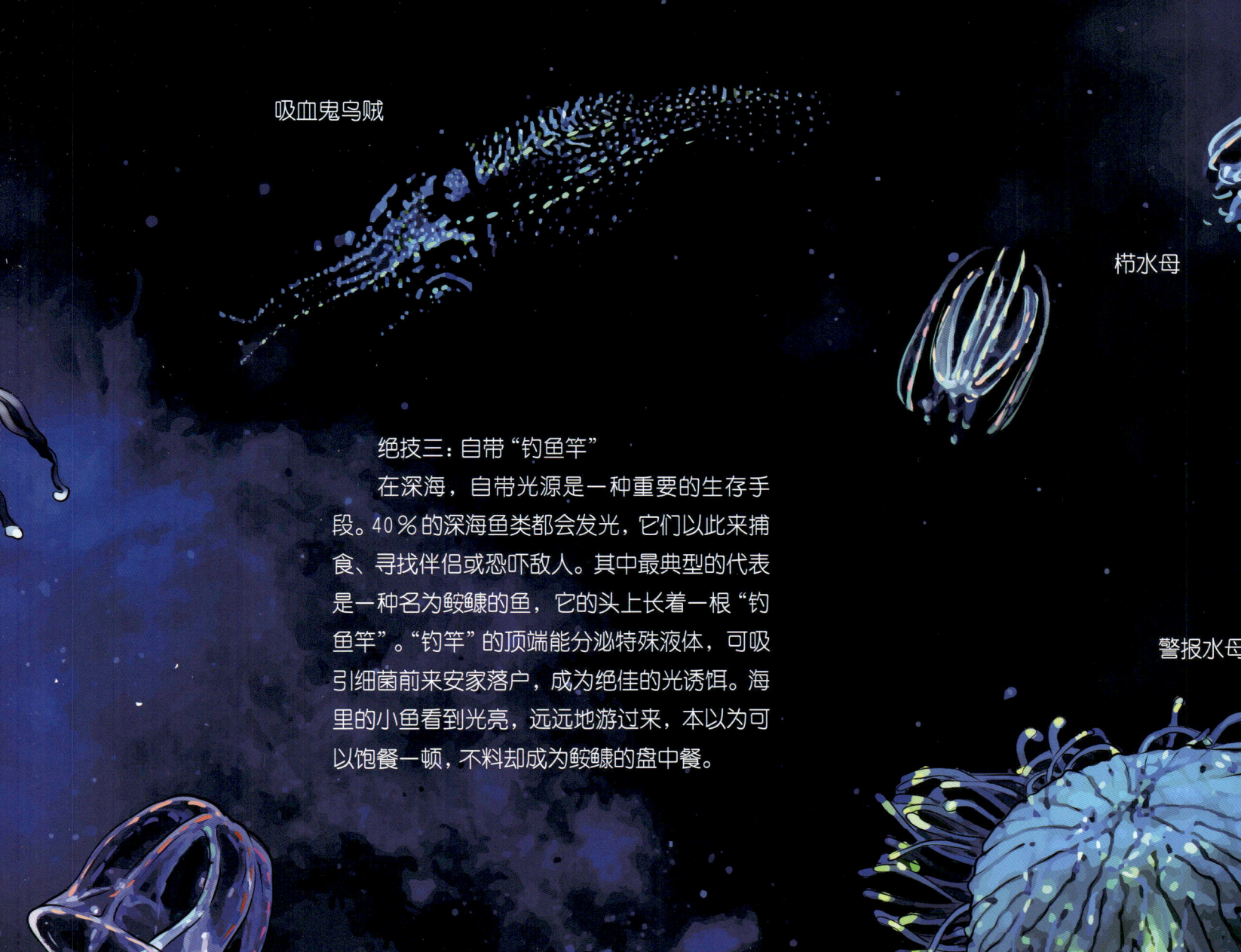

吸血鬼乌贼

栉水母

栉水母

警报水母

绝技三：自带"钓鱼竿"

在深海，自带光源是一种重要的生存手段。40％的深海鱼类都会发光，它们以此来捕食、寻找伴侣或恐吓敌人。其中最典型的代表是一种名为鮟鱇的鱼，它的头上长着一根"钓鱼竿"。"钓竿"的顶端能分泌特殊液体，可吸引细菌前来安家落户，成为绝佳的光诱饵。海里的小鱼看到光亮，远远地游过来，本以为可以饱餐一顿，不料却成为鮟鱇的盘中餐。

见识过海底的变幻莫测之后,我更加好奇了,不知道在其他位置又有什么不同的景色和惊喜呢?但"蛟龙"号电池电力、氧气有限,每次完成任务后必须尽快返回水面。

崔伯伯说无人潜水器可以实现我的愿望,它们可以在海底工作更长时间,甚至数月,我只需要在船上甚至在家里,就能远程看到海底的画面了。这也太棒了。崔伯伯还答应我回上海后,就带我去看无人潜水器。我希望在研究人员的帮助下,做一台属于自己的潜水器呢,然后用它巡航海底,揭开更多的海洋奥秘……我在心里默默地许下了一个愿望。